打造理想的家

隔·断·设·计
PARTITION DESIGN

李 涛 单芳霞 编

江苏凤凰科学技术出版社

目 Contents 录

第一章 隔断设计早知道

- 006　1. 什么是隔断?
- 006　2. 常见的隔断有哪几种?
- 007　3. 隔断在家居空间中起什么作用?
- 008　4. 小户型隔断设计的注意点?
- 009　5. 大户型隔断设计的注意点?
- 010　6. 隔断设计前应注意哪些问题?
- 011　7. 隔断施工安装时的注意点?
- 012　8. 隔断如何做到隔声?

第二章 隔断设计与施工的关键点

- 016　一、类型篇
- 016　1. 玻璃隔断
- 017　2. 木材、竹材隔断
- 018　3. 家具隔断
- 019　4. 半墙隔断
- 020　5. 吧台隔断
- 021　6. 布艺隔断
- 022　7. 铁艺隔断
- 023　8. 不同类型隔断的优缺点对比

024	二、空间篇
024	1. 玄关隔断
025	2. 客厅、餐厅隔断
028	3. 厨房隔断
029	4. 卧室隔断
030	5. 阳台隔断
031	6. 卫生间隔断
032	7. 象征性隔断

第三章 128个兼具美观与实用的隔断设计

036	1. 玄关
046	2. 客厅与书房、卧室
060	3. 客厅与餐厅、厨房
072	4. 客厅与阳台、过道
080	5. 餐厅、厨房
092	6. 卧室
106	7. 卫生间
118	8. 其他

第一章
隔断设计早知道

室内空间设计中,隔断的作用是将一个整体空间进行功能性的分隔,同时强调视觉上的延伸效果。在现今的室内设计领域,国内外设计师已经设计出许多优秀作品,并根据隔断的形式、功能、材质等的不同,分门别类。空间使用者可根据室内面积大小以及个人品位,选择适合自己的隔断,以实现与居室空间相融合。

◎什么是隔断？
◎常见的隔断有哪几种？
◎隔断在家居空间中起什么作用？
◎小户型隔断设计的注意点？
◎大户型隔断设计的注意点？
◎隔断设计前应注意哪些问题？
◎隔断施工安装时的注意点？
◎隔断如何做到隔声？

1. 什么是隔断?

分隔室内空间的立面,也被称为"空间的规划师"。

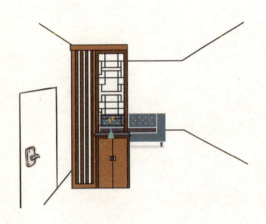

隔断作为分隔室内空间的立面设置,承接着室内不同空间之间的过渡,表现形式多样、灵活,能够直接或间接性体现室内设计的风格特点。在现今材料众多的装修市场中,隔断引入了新型的装饰材料与分隔方式,比如,高隔间铝型材、吊轨移门、玻璃新型隔断,并与传统屏风、鞋柜、酒柜等固有的隔断相融合,使空间设计元素更具可塑性。

此外,借助色彩、灯光、天花板与地板等象征性暗示,同样可以区隔看似串联实则独立的空间。

2. 常见的隔断有哪几种?

隔断种类繁多,可依照空间特性,选择合适的隔断。

类型	内容
材质	木质隔断、玻璃隔断、砖体隔断、石膏板隔断、铁艺隔断、藤编隔断、布艺隔断、铝型材隔断
形状	高隔断(隔断一通到顶,由非承重墙组成)、低隔断(不到顶的隔断,多为装饰性半隔断)
性质	固定式隔断(多以墙体的形式出现)、半固定式隔断(位置固定,方向和形状可变化)、移动式隔断(随时将空间进行功能性划分)

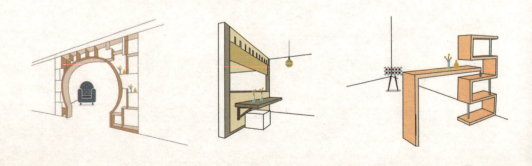

3. 隔断在家居空间中起什么作用？

分隔室内空间、增加空间私密性、实现装饰效果、满足收纳需求。

（1）分隔室内空间，产生新的功能区。在原有建筑空间基础上，将空间功能进行合理的划分，形成一个完整的使用空间。隔断的空间分隔大致有以下四种：

类型	方式	特点
整体性分隔	使用到顶的整面墙划分空间	将空间进行彻底分隔，每个区域的空间限定及功能分区明确
半墙式分隔	用片段、低矮的立面，以不到顶的形式划分空间	不同区域之间相互关联、相互影响；"你中有我，我中有你"是半墙式分隔的主要表现形式
装饰性分隔	采用置物架、植物等通透性较强的隔断进行分隔	能在一个空间内观察到另外的一个或多个空间，强化空间的层次感
活动式隔断	隔断可以进行一定条件的移动、开启或者关闭	空间与空间时而一体，时而一分为二，赋予空间更多的功能诉求

（2）增加空间的私密性。家居环境需要一定的私密性，私密性越强的空间，隔断设计越要使用厚实、隔声、不透明的材料；对于私密性要求不强的空间，则可以采用低矮型或装饰性较强的隔断，以增加空间的通透性和层次感。

（3）实现装饰效果。隔断是居室设计的外在表现元素，无论何种类型的隔断，均会对所在空间起到一定的装饰效果。不少家居软装设计中会用艺术品来代替隔断，造型独特的雕塑、风格迥异的铁艺、形式多样的镂空隔断，将其放置在恰当的空间内进行合理的搭配，往往能起到独特的装饰效果。

（4）满足收纳需求。依据不同的空间属性，赋予隔断强大的收纳功能，实现一物多用，比如，客厅和书房之间的整面书柜墙设计，或者在卧室与客厅之间放置一排收纳柜等，将隔断与收纳完美结合，不浪费任何空间。

4. 小户型隔断设计的注意点？

小户型需要着重考虑空间的采光、隔断的材质等性能，最大限度地提高空间的利用率。

小户型空间最需要考虑是合理分配室内空间，例如，小户型中卧室与客厅间的隔断使用，需要考虑采光和隐蔽的问题，如果采光做得不到位，整个室内空间会呈现出灰暗与压抑的基调；满足采光条件后，隐蔽性又相对欠缺，易造成居室空间安全感不够。因此，设计师应综合考虑，结合户主的需求与喜好，灵活运用隔断。关于小户型隔断设计，大致有以下几个方面的注意点：

（1）**小户型隔断材质的选择**。小户型隔断的材料使用，最好不要占用太多的视觉空间，比较理想的方式是采用一物多用式隔断，例如，储物型家具隔断、布艺软隔断以及玻璃隔断等。

（2）**小户型隔断的色彩选择**。小户型隔断的色彩使用比较多样化，可以选择有颜色的，也可以选择素色。多样化的色彩可以丰富空间层次感；选择素色隔断时，外界光照较弱的情况下，透过白色光源可使小空间变大。

（3）**小户型避免选择实体隔断墙**。实体墙是固定式隔断墙，如果采用实体的隔断墙，不仅会影响房间的通透性，还易使空间显得压抑。

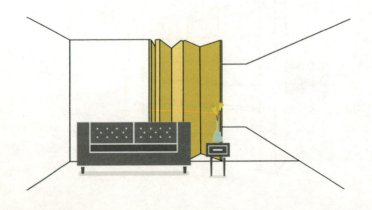

5.大户型隔断设计的注意点?

大户型隔断设计的选择面较宽,屏风隔断、定制家具隔断都是不错的选择,但需要注意风格的统一。

大户型设置隔断的目的,一般是为了缩短两个立面墙之间的距离,将远距离尺寸缩小到合理的范围之内,符合人在一个空间内的活动需求。大户型的隔断设计的选择面比较宽,多采用传统型隔断形式,如屏风隔断、墙体式隔断或者定制家具隔断等。

大户型隔断设计一定要与整体的设计风格相统一,体现整体的协调性,不能因为面积大而忽视隔断的厚度,过厚容易使设计产生笨重感;过薄的隔断会使整个空间不协调,也可能产生安全隐患。

需要特别说明的是,本书在隔断的选择上有所侧重,所选用的隔断案例大多为小户型。

6. 隔断设计前应该注意哪些问题？

隔断设计前需要将使用者的功能需求放在首位，最好依据空间需求安装合适的隔断。

（1）**明确隔断的主要功能。**明确隔断所承载的首要功能目标，储物功能抑或是装饰功能？或者，仅仅作为分隔空间使用。这都对隔断设计有着不同的侧重和要求。

（2）**注重隔断的使用性能。**隔断在结构中是不承重的，在使用造型上可以根据居住者的喜好进行创意性设计。使用不同造型和材料的隔断，所体现的装饰效果也不同，所以设计师应真正了解居住者的实际需求，并对隔断造型、风格表现进行设计，将隔断的价值最大化。

（3）**注重隔断的采光问题。**保证良好的采光对于大多数隔断设计来说很重要，好的隔断设计是对光源的合理纳入，为空间增加亮点。比如，隔墙式隔断减少了光源，整个空间会表现出灰暗基调。

（4）**注重隔断的材质问题。**除了仅做装饰用的隔断外，大部分隔断在使用过程中需要考虑储物和展示功能，因此隔断的材料要有一定的稳定性和牢固度。比如，玄关隔断，既要起到装饰的作用，也要具有一定的收纳功能。设计时，可将硬隔断与软隔断相结合。

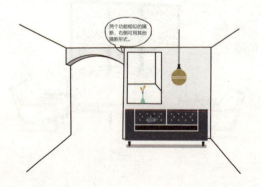

两个功能相似的隔断，右侧可用其他隔断形式。

7. 隔断施工安装时的注意点？

隔断的施工安装也是非常重要的一环，涉及复杂的工序，需要请专业人员进行安装，以避免不必要的麻烦。

家居空间的装修设计中，很多情况下涉及隔断的安装问题。安装隔断需要注意的基本事项，简单总结为以下几类：

（1）**明确施工环境。**安装隔断前，应仔细勘察所要施工的空间形态，判断出何种材质、形式的隔断最为合理。同时，还应考虑进场的时间情况，分隔空间的面积，是否有隐藏的施工内容，梁柱的位置以及是否有中央空调系统等。

（2）**隔断的测量与弹线定位。**设计初期，设计者需要根据空间布局进行隔断的选择，并对隔断的各尺寸进行精确的测量，避免安装时出现较大误差。另外，在安装个别隔断时，还需要做放线处理。运用弹线弹出施工的准确位置，以防在施工中出现偏差，避免引起施工中的连动反应。

（3）**框架材质的下料。**有框隔断墙在下料时，一般需要复核现场的实际尺寸，以保证预留的空间能够准确安装，同时要保证连接件安装的位置与横板在同一水平线上。进行材料分割时，需要使用专用的工具。

（4）**安装隔断框架。**根据隔断框架性质的不同，安装方式也有一定的差别。比如，铝合金隔断的框架，一般是在基础装修完成的基础上，进行预制组件安装，顶面进行吊轨、滑轨或者横向龙骨的安装。框架结构的隔断安装，如果位置靠墙，还需要将固定件与墙体相连接，以达到牢固的安装效果。

总之，软装饰面的隔断安装要求比较低；其他类型的隔断安装最好请专业人员进行施工，避免产生安全隐患，也便于日后的维修工作。

8. 隔断如何做到隔声？

结合具体情况，可考虑使用性价比较高的砖体隔断、玻璃隔断以及新型隔声隔断。

室内隔断设计中，如何在分隔空间时，结合不同的空间环境合理地布局隔声是设计师需要重点考虑的。以下是比较常用的几种隔声方案：

（1）**轻钢龙骨加石膏板隔断**。这是比较常见的隔断形式。使用轻钢龙骨做骨架，表面钉石膏板，中间留存一定空间，增加隔声棉，以达到隔声的效果，然后再进行刮泥子和粉刷乳胶漆等饰面工艺。

（2）**玻璃隔断**。玻璃隔断隔声处理最好的方案是设置双层玻璃结构，即市面上常见的中空玻璃。中空玻璃的中间结构存在密封空气，由于铝框内灌充的高效分子筛的吸附作用，成为导声系数很低的干燥气体，从而构成一道隔声屏障。

（3）**砖体结构隔断**。这种隔断的中间是实体结构，具有一定的隔声效果，为了使隔声效果更加突出，通常对隔断的表面进行处理，增加隔声板或者吸声板，在表面对声音进行处理。

（4）**木板隔断**。由于两块木板之间的空隙不大，一般采用增加隔声板的方式进行隔声。泡沫板的独特多孔结构能够减缓声音的传播，并产生隔声效果。需要注意的是施工过程中，由于隔声板的燃点比较低，如果隔断内部需要安装电线，或者其他会发热的产品，建议不要使用隔声板，以避免发生安全隐患。

（5）**新型隔声材料**。随着科技水平的不断提高，隔断市场上出现了许多新型的隔声材料，如生态木塑隔声板、孔木隔声板、复合隔声板以及铝蜂窝隔声板等。这些新型隔声板的主要特点是：隔声效果好，制作与安装流程简单，隔声板表面的多样造型能起到很好的装饰效果。

生态木塑隔声板　　孔木隔声板　　复合隔声板　　铝蜂窝隔声板

第二章
隔断设计与施工的关键点

隔断的种类繁多,不同的空间对隔断材质和类型的要求也有所差别。因此,了解不同类型隔断的优缺点,以及不同空间隔断设计与施工的注意点,在装修伊始将隔断设计考虑在内,才能让隔断成为优化空间的最佳工具,并形成更加多元的空间功能。

◎类型篇

玻璃隔断 / 木材、竹材隔断 / 家具隔断 / 半墙隔断 / 吧台隔断 / 布艺隔断 / 铁艺隔断

◎空间篇

玄关隔断 / 客厅、餐厅隔断 / 厨房隔断 / 卧室隔断 / 阳台隔断 / 卫生间隔断 / 象征性隔断

一、类型篇

1. 玻璃隔断

| 主要使用区域 | 客厅、厨房、卫生间、阳台
| 主要类型 | 单层玻璃隔断、多层玻璃隔断
| 玻璃隔断的常用厚度 | 5毫米、10毫米、12毫米

优点： 玻璃具有良好的透光性，不仅能分隔区域，还能使室内光线充足，增强室内光亮度；比较容易打理。

缺点： 易碎，选择玻璃隔断时，应选择安全系数较高的材质，如钢化玻璃、夹丝玻璃等。

玻璃隔断的设计与施工流程

（1）**测量。** 玻璃隔断的安装需要在基础装修完成后进行，为了提高安装的准确性，需要测量人员反复测量，核对现场尺寸，以确保安装时隔断符合现场的实际尺寸。

（2）**隔断的备料。** 玻璃隔断的生产周期为20天左右。现场测量完成后，工厂再根据设计图进行生产。隔断的龙骨是固定尺寸，安装时可在现场进行切割使用。

（3）**现场隔断定位。** 根据隔断尺寸的大小，现场确定安装区，然后在地面弹线，确定安装地面的水平方向；墙面用垂线确定高度和位置，以确保玻璃隔断安装位置的准确性。

（4）**框架的安装。** 常见的安装方式有两种：若玻璃隔断面积小、体量轻，一般将框架和玻璃在平面组合好，然后再进行整体安装；若隔断面积比较大，则需要先将隔断框架进行墙面、地面或顶面的固定，然后进行安装。

黑框玻璃移门隔断颜值高、实用性强，已成为当下最热门的隔断。
（图片提供：TK设计金梅芳）

2. 木材、竹材隔断

|主要使用区域｜客厅、餐厅、卧室、阳台
|主要类型｜高仿真竹子、竹子、实木
|常见的隔断组成方式｜竹竿、竹编、木格栅

优点： 外观自然，颜色清新，安装简单，能够增加室内设计的时尚感和美观度；后期维修方便，不易氧化和生锈。

缺点： 易产生虫蛀和变霉问题；如果使用天然竹材制作隔断，需要重点考虑防虫、防霉问题。

木材、竹材隔断的施工流程

木材、竹材隔断的样式较多，一般采用以下安装方式：

（1）下部分。隔断下部分结构封闭，可采用具有收纳功能的柜子，方便底部固定，以增加室内的储物面积。

（2）上部分。隔断上部分采用开放式结构，做镂空处理，一定程度上解决采光问题。另外，上部分结构中一般预留一些洞口，将主材的上部分放置其中，起到简单的固定作用。

（3）具体情况具体分析。因每个人的审美有差异，木格栅、竹格栅的摆放方式和空隙大小也有所不同，需要综合实际情况进行设计。

日式风格和中式风格中，木格栏隔断能够营造出禅意十足的空间氛围。
（图片提供：武汉莫迪夫设计）

3. 家具隔断

| 主要使用区域 | 客厅、餐厅、卧室、书房
| 主要类型 | 衣柜、书架、收纳柜、橱柜
| 家具的板材类型 | 颗粒板、多层板、实木板、铝合金材质（新型材料）

优点： 具有良好的储物功能，可提高空间的利用率；外观可与家具及墙面、地面颜色统一，起到较好的装饰效果。

缺点： 家具隔断多为板式家具，木板与墙面有缝隙，因此隔声效果较差。如果与卫生间相连，还需要考虑隔断的防潮性。

家具隔断的设计与施工流程

（1）**测量、设计。** 在现场进行测量，根据尺寸的大小进行 CAD 制图，并合理安排每一处的设计方案。

（2）**拆单。** 方案确定后，根据 CAD 图纸进行拆单；计算出所需要的板材数量，然后再在工厂进行加工。另外，还需要整理五金配件清单，再请专业人士或者系统进行拆分，以保证方案的完整实施。

（3）**安装工艺文件的制作。** 提供安装示意图和产品的使用说明，文件的主要内容包含名称、规格、尺寸、数量、注意事项等，以保证后续的顺利安装。

（4）**现场施工。** 确定家具隔断的安装位置，根据家具隔断的施工图，进行现场的裁板、打孔、打胶等工艺。

家具隔断最大的功能是对储物空间的有效利用，同时还兼具美观和实用性。
（图片提供：小园子的白日梦）

4. 半墙隔断

| 主要使用区域 | 客厅、阳台、卫生间
| 主要类型 | 砖墙隔断、柜体隔断、玻璃隔断
| 半墙隔断的主要功能 | 分隔空间、赋予空间层次感

优点： 具有较强的通风性和采光性，增加相邻空间的关联性，使室内空间的设计更具有弹性，达到"隔而不断"的视觉效果。

缺点： 由于上半部分结构的镂空，导致半墙隔断的私密功能较弱，且基本上不具备隔声效果。

半墙隔断的常见类型

（1）**家具半墙隔断**。利用柜体板材组合形成半墙的高度，上部分预留空白形成半墙隔断。柜体可作为储纳空间使用，柜体台面可摆放装饰品，两空间有分有合，相互关联，趣味性、互动性较强。

（2）**砖体半墙隔断**。隔断的结构方式类似柜体半墙隔断，将砖砌筑到半墙（一般为 1.2 米左右），造型下部分是实体墙。隔断具有较强的安全性与牢固度，完全可以当成一面墙来使用，比整面隔墙更具通风性和采光性。

（3）**软半墙隔断**。软隔断主要是指隔断的材质和款式，如布艺、绳索、纱帘等。软隔断不占据室内面积，在小户型中比较常见。一款垂帘式隔断既能将空间巧妙隔开，又能提升空间整体的艺术感。

半墙隔断的优势在于既划分空间，又不破坏整体感，常用在客厅与餐厅或者客厅与书房之间。
（图片提供：合肥 1890 设计）

5. 吧台隔断

|主要使用区域|客厅、餐厅、厨房、阳台
|主要材质类型|木材、石材、玻璃
|吧台隔断的主要功能|分隔空间、营造情调

优点： 装饰性强，两个分隔的空间具有较强的关联性，并能促进家人之间的互动。

缺点： 私密性较弱，多为固定隔断，且对空间的要求较高，功能性相对比较单一。

吧台隔断的设计要点

（1）**明确风格定位**。吧台隔断的种类繁多，设计者需依据室内的整体风格来决定隔断的材质和造型，如简约时尚的黑白搭配、原木的日式风格、轻奢的欧式风格等。

（2）**明确表现形式**。吧台隔断可以设计成多种形式，如高低错落式（台面有一定的高低落差）、转角式（台面呈 L 形或 U 形）、嵌入式（将吧台部分嵌入其他空间）等，通过相应的设计、施工，可以形成不同的视觉效果。

（3）**明确台面材质**。吧台隔断的台面材质一般有石英石、人造石、实木、不锈钢、玻璃等。其中，实木的价格偏高，不锈钢材质比较适合工业风格，石材和玻璃材质迎合了市场上大多数家庭对隔断的设计需求。

吧台隔断适用空间较为广泛，客厅、餐厅、厨房都能看到它的"身影"。
（图片提供：合肥 1890 设计）

6. 布艺隔断

|主要使用区域|客厅、餐厅、卧室、卫生间
|主要材质类型|防水浴帘、布帘、纱帘等
|布艺隔断的主要功能|分隔空间、具有一定的装饰效果

优点： 装饰性及透光性强，灵活多变，容易悬挂，且造价低，作为家居软隔断不占据视觉空间。

缺点： 隐蔽性比较弱，基本上不具有隔声效果；需要日常维护，极易脏污。

布艺隔断的设计与施工流程

（1）**定位**。安装前，应先准确测量好固定的孔距和安装轨道的尺寸。

（2）**安装轨道**。校正并连接固定件，固定件需与墙体连接，然后再将轨道固定于连接件上（轨道的常用材质有铝合金、实木、塑料等）。

（3）**安装隔断**。布艺的一侧固定五金件，与轨道相结合，形成可滑动的隔断。材质上，尽量不要选择透明的布料，可以选择半透明或者不透明、厚重的布料。

布艺隔断常用于卧室之中，布艺柔和的面料令人倍感舒适，这是其他材质不能代替的。
（图片提供：北京硕美创高室内设计）

7. 铁艺隔断

| 主要使用区域 | 客厅、餐厅、玄关、阳台
| 主要材质类型 | 铁、不锈钢等
| 铁艺隔断的主要功能 | 分隔的空间、与整体风格协调统一

优点： 硬度高，安全性能强，适合做固定隔断；款式多样，能够满足多种装饰需求。

缺点： 价格偏贵，后期需要做防锈的处理。

铁艺隔断的设计要点

（1）**注意尺寸。** 设计铁艺隔断时一定要把握好空间的尺寸，因其生产工艺比较复杂，且生产后尺寸为固定式隔断，一旦与现场有一定的误差则不好处理。

（2）**明确风格。** 选择铁艺隔断要贴合室内设计风格，注重铁艺隔断的颜色和款式，市场中铁艺隔断有多种颜色，如古铜色、白色、黑色、玫瑰金等。

铁艺隔断的后期保养技巧

（1）**防止氧化。** 铁艺隔断尽量避免阴冷潮湿的地方，要放置在干燥通风处；也不能长时间进行光照，光照时间过长，铁艺表面的漆膜会变色或者脱落。

（2）**防止磕碰。** 铁艺隔断的硬度比较高，要做好防触碰的保护措施，尤其是有孩子的家庭，需要对阳角进行防触碰处理。

（3）**定期护理。** 铁艺隔断要定期进行防锈处理，切记不要用水擦洗。

造型简约、线条感十足的黑色铁艺隔断在这个现代空间中格外亮眼。
（图片提供：晓安设计）

8. 不同类型隔断的优缺点对比

类型	材质	优点	缺点
木质隔断	密度板、多层板、实木等	能与室内木质家具融为一体，达到实用性和装饰性并重的效果；类型多样，可满足不同的设计风格	价格偏高，防火功能差
砖体隔断	实心砖、空心砖、面包砖等	空间分隔比较明确，给人稳重感；砖体样式和造型结构多变，可满足不同情况下的使用需求	不可移动
玻璃隔断	钢化玻璃、磨砂玻璃、夹丝玻璃等	透光性能强，隔声效果好，安全性能高，可切割，且造价低	易碎，抗冲击力差，隐蔽性不足
金属隔断	铁、不锈钢等	多应用于欧式风格中，造型优美，气质独特，往往给人一种华丽、典雅的感觉	造价偏高，需定期维护
铝合金隔断	铝镁合金、铝含锌合金等	造型美观，款式多样，多用于阳台与客厅间；抗变形、抗老化，具有较强的防水性，有逐渐代替塑钢隔断的趋势	款式单一，多为固定风格
布艺隔断	布、纱等	营造出不同的室内氛围，占地面积小，不浪费空间；组合方式灵活，性价比高	隔声效果，防火效果差

总体而言，现代室内空间设计中，设计者较少选用单一的隔断材质，而是结合不同种材质和类型的优缺点，合理搭配，以使隔断的实用性、功能性、装饰性达到最大化。

空间综合运用木质屏风隔断、地面、顶面的多元造型来区分不同的功能区，赋予空间层次感。
（图片提供：上海八零年代设计）

二、空间篇

1. 玄关隔断

玄关，有玄妙、关键之意，通常是居室给人第一印象的所在。玄关隔断的类型包括：全玄关隔断、半玄关隔断以及象征性隔断。

（1）全玄关隔断。 玄关的整体形式为全幅隔断，作为一个独立的功能区，可有效阻隔室内的视觉范围。全玄关隔断设计通常需要考虑空间的采光性，如果光线较暗，则易形成压抑气氛。

（2）半玄关隔断。 玄关在横向或者纵向空间采取不完全封闭的设计方案，这种设计使用"借景"的手法，能够使其他空间若隐若现，将玄关与其他区域很好地结合起来。

（3）象征性隔断。 从平面上对区域进行划分的隔断设计手法，起到简单分隔以及美化空间的作用。

玄关隔断设计的注意点

（1）隔断兼具储物功能。 大多数玄关隔断在达到装饰性要求的基础上，还需具备储物功能。储物类隔断的款式可与定制家具相结合，例如，鞋柜、壁橱、衣柜等。

（2）隔断的配色要点。 玄关的颜色以浅色系为主；选择灯光时，应重点考虑光线柔和的灯光，太亮或者太暗都会对使用者产生负面影响。

（3）隔断的遮挡作用。 玄关隔断的设计可避免公共区域处于一览无余的状态，无形中增加整体空间的趣味性，且能保护业主的隐私。

此玄关隔断很好地避免了进门后客厅、餐厅呈现一览无余的状态，且与整个原木风格完美融合。
（图片提供：本小墨设计）

（4）玄关的装饰性。 玄关作为入户第一眼看到的空间，决定着人进门后的情绪感受。好的隔断设计应该带给人良好的审美体验，使人心情舒爽。

※ 玄关多选择半墙隔断、镂空型隔断、定制家具隔断等。

2. 客厅、餐厅隔断

如今,大多数户型客厅和餐厅的关联性极强,甚至在同一个空间内。客厅、餐厅隔断的功能性设计要求是划分两者的使用范围,具体的款式则需根据户型的基本格局加以确定。

常见的客厅、餐厅格局多为一体式客厅、餐厅和走廊分隔型客厅、餐厅。

客厅、餐厅隔断的使用率较高,合理的隔断设计可成为空间的视觉焦点。
(图片提供:可米设计)

（1）一体式客厅、餐厅。 此类客厅、餐厅分为横向格局与竖向格局两种，不同的格局对隔断设计的要求也有所不同。

① 横向方案的客厅、餐厅设计多为长方形，入户门多在东侧或者西侧，客厅、餐厅南侧设置一扇面积较大的窗户。如平面图一所示，此类户型隔断的设计要点包括以下几点：

a. 以整体的家具作为隔断，如餐边柜，餐边柜台面上可以摆放装饰物品。

b. 放置屏风隔断，屏风隔断可根据室内整体的设计风格进行色彩和款式搭配，如中式风格的搭配原木屏风，欧式风格的搭配铁艺花纹屏风等。

c. 使用定制框架隔断，结构内摆放书籍、花瓶等艺术摆件，以展现业主的生活品味。

② 竖向方案的客厅、餐厅设计大多体现在南北长条的户型格局中，设计时一般先经过餐厅，然后达到客厅。如平面图二所示，此类户型隔断的设计要点包括以下几点：

a. 采用镂空型隔断或者玻璃隔断，尽可能不对光线造成负面影响。

b. 半墙隔断与软隔断结合使用，不仅能增加隔断的牢固性，还具有一定的透光性。

c. 放置靠墙式成品柜，既可储物，又可以摆放装饰物品。

卡座也是一种新型的隔断方式，既分隔了空间，又不破坏整体感。

（图片提供：成都志轩设计）

平面图一

平面图二

（2）走廊分隔型客厅、餐厅。此类户型的格局是在客厅和餐厅之间设置走廊进行分隔，结构上具有明确的功能区分。如平面图三所示，此类户型隔断的设计要点包括以下几点：

① 以象征性隔断作为主要的设计方案，通过地面材质的款式和铺贴的方式分隔空间，或是通过墙面的颜色、吊顶的造型来分隔。

② 在餐厅处设计半墙隔断、软隔断或者镂空隔断，例如，鱼缸、半高隔断柜、珠帘等，将空间隔而不断地连接在一起。

客厅、餐厅隔断设计的注意点

（1）**隔断的高度。**尽量避免使用过高的隔断，过高容易影响人的视线，使人感到压抑。

（2）**隔断的隐私性。**尽量避免选择密不透风的隔断墙。通透感比较强的屏风隔断，可以使整体空间进行自由的切换。

（3）**隔断的材质。**尽量选择质量较好的隔断，以木质隔断为最佳。避免使用塑料、PVC石塑等，这些材料相对木质隔断装饰效果较差、质感弱。

（4）**植物隔断的选择。**常选用绿色植物为空间增加色彩；在选择绿植时，多以阔叶绿植为主。此外，为了安全起见，应避免选择带刺的植物。

※ 客厅、餐厅多选择家具隔断、布艺软隔断、植物隔断、屏风隔断等。

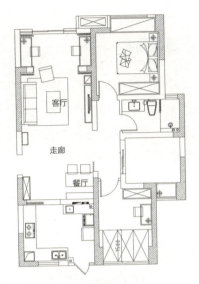

平面图三

走廊分隔型客厅、餐厅，中间采用一堵小半墙隔断来界定空间。
（图片提供：天津深白设计）

3. 厨房隔断

厨房一般与餐厅相连,较少情况下与客厅相连。厨房生活气息浓郁,与之匹配的隔断形式会影响到整个厨房的使用。厨房隔断有以下几种常见样式:

(1)**玻璃移门隔断**。玻璃移门隔断可以很好地将厨房和餐厅隔开,同时还能有效阻挡厨房中的油烟,保证餐厅的环境更加清新。

(2)**吧台隔断**。在厨房和餐厅中间设计一个小吧台,会显得非常有情调。吧台体量相对较小,可在墙壁上设置一些酒架;收纳的同时,也可作为一种装饰。

(3)**隔断柜**。隔断柜常带给人淳朴自然的感觉,尤其是原木隔断柜。为了达到协调性,隔断柜需要符合居室的整体风格。

玻璃移门隔断常用于厨房和餐厅之间,除了可以划分区域,相互之间也能借光。
(图片提供:武汉诗享家设计)

餐厅隔断设计的注意点

(1)**防止油烟的外漏**。中式厨房油烟比较大,做菜时玻璃移门会封闭空间,防止油烟乱窜。另外,夏季可以阻隔厨房内的热气,确保客厅、餐厅的冷气充足。

(2)**防水性能要好**。厨房是用水的重要功能区,因此,防水性也是厨房隔断需要重点考虑的,以免水流带入其他空间。

(3)**厨房隔断要稳固安全**。厨房的流动路线使用频繁,对于隔断的安全性要求较高,以避免人不小心的磕碰。

※ 中式厨房多选择玻璃移门隔断,西式厨房可以选择吧台隔断或者其他柜体隔断。

4. 卧室隔断

卧室隔断运用到位,不仅能划分多个功能区,还能满足居住者的个性化需求,更能彰显其文化素养与奇思妙想。卧室隔断的主要功能包括以下几个方面:

(1)**分隔与储物功能**。卧室隔断可划分功能区,以满足不同的空间需求,还可作为储物空间使用,如衣柜、书架、展示柜等。

(2)**美化装饰功能**。隔断饰面样式可以直接影响到整体的设计方案,饰面类型如玻璃、布艺包覆、木纹纹理等,不同的表现形式体现不同的肌理和风格。

(3)**节约空间**。将分隔的立面替换成可储物的隔断,于无形中提高空间的利用率。

(4)**提供隐蔽性空间**。将卧室休息区单独地分隔开来,以营造安详私密的休息氛围,也可避免一览无余的尴尬。

卧室隔断设计的注意点

(1)**保证卧室的采光与通风**。一间舒适的卧室需要良好的通风和采光;尽可能避免夏天无通风、冬天无采光的缺陷设计。

(2)**隔断的配色原则**。整体配色设计上,隔断应尽量选择浅色系,从视觉上拓展空间视野。切忌使用镜面材质,镜面虽然能产生强烈的延伸效果,但因其反光太强,不利于睡眠。

卧室面积较大则不易形成安全感;合适的隔断让功能分区更完善,也便于营造舒适的休息氛围。
(图片提供:隐巷设计顾问)

(3)**隔断的隔声效果**。卧室的整体氛围应处于安静舒适的状态,因此选择隔断时要考虑其隔声效果,建议使用新型吸声板或者在隔断内增加隔声棉。

※ 卧室多选择定制家具隔断、屏风隔断、布艺软隔断、玻璃隔断等。

5. 阳台隔断

大部分户型设计中，与阳台相连接的空间结构多为客厅和卧室，阳台隔断的设计有以下几大要素：

（1）面积较小的空间不适合做隔断，但个别材质除外，如半墙隔断、玻璃隔断以及布艺、置物架等软隔断等。

（2）面积较大的空间适合安装隔断，实际装修过程中，铝合金、塑钢玻璃隔断安装频率最高。此类隔断实用性较强，不仅能阻隔室外的灰尘、噪声，还能凸显阳台的功能特点。

（3）注意采光问题，采光不好的户型要减少阳台隔断的设计；如果确实需要隔断，可选择透光性强的类型，如半墙隔断、玻璃隔断以及镂空隔断等。

阳台隔断设计的注意点

（1）**阻隔噪声**。隔断作为实体的存在，可以有效地阻碍室外噪声传入室内，尤其是设置了隔声效果的隔断，如中空玻璃、吸声板及内藏隔声棉的类型。

（2）**阻挡灰尘**。客厅和阳台之间的隔断，可以有效减少室外灰尘及污染物的进入。

（3）**阻挡冷热空气**。夏季室外风大、酷热，隔断可起到一定的隔热作用；冬季室外温度较低，阳台隔断可为空间增加一处保障，阻挡冷空气的直接流入。

（4）**提高安全性**。阳台隔断的设置可提升空间的安全性；对于有孩子的家庭来说，可以提高孩子独自在客厅中玩耍的安全性。

黑框玻璃推拉门隔断经常用于客厅和阳台之间，以保证客厅拥有足够的采光。
（图片提供：上海鸿鹄设计）

※ 阳台多选择半墙隔断、玻璃移门隔断以及布艺、植物软隔断等。

6. 卫生间隔断

卫生间在整个家居环境中水汽含量最大,对卫生间进行装修时,内部的材质需要选用防水性能较强的材料。卫生间隔断大多选用玻璃材质,少部分选用金属隔断和砖体隔断。玻璃材质质地坚硬、透光性能好,又有新技术支持,使其成为卫生间隔断的首选。

卫生间隔断设计的注意点

(1)**提前选好隔断的材料或款式**。卫生间玻璃隔断属于后期的主材安装,在装修中需要铺完地砖和墙砖以后才能进行隔断的测量。玻璃隔断的加工周期为半个月左右,所以选择玻璃隔断时最好提前选好花色与款式,基础工程完成后再让厂家进行测量、安装。

(2)**优选平开门隔断**。卫生间玻璃隔断需要安装在门槛石或者挡水条上。隔断也分为平开门与推拉门,这两类开门方式各有优缺点。有足够的空间时,应尽量选择平开门;推拉门由于有滑道,而滑道里易积灰尘与积水,时间长了会产生异味,影响卫生间的整体空气质量。

(3)**首选钢化玻璃**。材质方面,应选择有机玻璃或者钢化玻璃。这两种玻璃破碎后碎片呈均匀的小颗粒,没有尖角,能够最大限度地减少对人的伤害。颜色上,可以选择磨砂玻璃,或者在玻璃上贴图案,以免发生碰撞。

卫生间的干湿分离最常用的是钢化玻璃。
(图片提供:成都清羽设计)

※ 卫生间多选择玻璃隔断、防水布艺软隔断和半墙隔断等。

7. 象征性隔断

家居空间中，很多情况下隔断是比较虚化的空间分隔，并没有明显的分隔实体。这些隔断多利用家居装修的硬装部分进行设计，从人的感官体验上划分不同的区域。象征性隔断的常见样式包括以下几种：

（1）吊顶区分。通过石膏板吊顶造型、材质、高低的不同或者横梁的分隔，进行整体的功能区划分。这种情况多用于客厅、餐厅一体的空间。

（2）地面区分。同一材质空间内，可以根据不同的铺贴方式进行空间的划分，如拼花瓷砖与大面积素色瓷砖相结合；也可以通过不同的材质进行区分，如瓷砖与木地板、木纹砖与普通瓷砖的铺贴；亦可将地面抬高，以做区分。

（3）墙面区分。一般通过墙面装修的材料进行区分，如变换乳胶漆的颜色；另外，不同的墙面装修材料也能将空间进行划分。

象征性隔断设计的注意点

（1）隔断的材质影响隔断的效果。不同的设计风格采用同一种材质划分区域，能够增加空间的丰富性和美观性；而采用不用的材质，则可营造出不同的视觉效果。

（2）隔断的造型影响功能区的划分。如客厅、餐厅的吊顶造型，可根据形状的不同将两者的功能区分开来；墙面造型上的不同亦可划分空间。

（3）不同的室内风格决定隔断的设计。无论是素雅的田园风格、轻奢的古典风格，还是现代简约风格，隔断设计应根据材质的肌理效果进行相应的改变，如瓷砖拼花的样式、壁纸花纹的款式等。

第二章 隔断设计与施工的关键点 | 033

玄关的地面采用独特的拼花造型,与客厅、餐厅的木地板形成鲜明的对比。
(图片提供:上海鸿鹄设计)

客厅、餐厅一体化,设计师利用天花板的不同材质和造型加以区分。
(图片提供:DE设计事务所)

第三章
128个兼具美观与实用的隔断设计

本章将通过对128个精彩的室内隔断设计案例的详细解说,帮助室内设计师和家装达人全面掌握隔断的设计应用。隔断作为"空间的规划师",如果设计得当,能有效提高小户型空间的利用率和生活的舒适度。

- 玄关
- 客厅与书房、卧室
- 客厅与餐厅、厨房
- 客厅与阳台、过道
- 餐厅、厨房
- 卧室
- 卫生间
- 其他

1. 玄关

001
工业风玄关奠定入户基调

本案整体设计偏工业风，入户利用鞋柜分隔出独立玄关，一进门便可感受到浓浓的工业风。鞋柜的主体框架采用免漆生态板，门板则是水泥色饰面板，与整体空间的风格相统一；与此同时，入户的红色砖墙和穿衣镜强化了此风格。

（图片提供：犀宅原创装饰）

隔断材质：免漆生态板
设计亮点：避免入户一览无余，进门即可感受到浓浓的工业风
划分空间：玄关/客厅

第三章 128个兼具美观与实用的隔断设计　　037

> 隔断材质：木
> 设计亮点：保护隐私，解决空间无玄关的难题
> 划分空间：玄关/客厅

> 隔断材质：木
> 设计亮点：既划分空间，又起到不错的装饰效果
> 划分空间：玄关/客厅、餐厅

002
鞋柜与木格栅组合的入户隔断

为了解决一进门便将客厅全貌一览无余的难题，设计师别出心裁，以鞋柜结合木格栅的手法，分隔出入门玄关。这样的设计既不影响采光，又起到保护客厅隐私的作用，还形成一道入门的小景观。

（图片提供：武汉莫迪夫设计）

003
极具造型感的玄关隔断

入户玄关狭长，且直通客厅、餐厅，设计师巧妙地在餐厅和玄关的交接处打造一个不规则的木条隔断，并在木条上刷了不同的色漆，使得该玄关既起到分隔空间的作用，又成为一个装饰物。

（图片提供：成都宅艺设计）

隔断材质：青竹
设计亮点：将自然元素引入室内，与日式风格相匹配
划分空间：玄关/客厅

004
日式空间中的青竹屏风隔断

这间住宅的风格属于现代日式，空间内并没有太多鲜艳的色彩，以温润的原木主家具为主。为了配合室内设计风格，在隔断的选择上，设计师选用青竹材质，并在底部铺设鹅卵石，将自然野趣引入室内。

（图片提供：成都宅艺设计）

隔断类型：木格栅
设计亮点：缓冲入门视线，形成新的功能区
划分空间：玄关/客厅

005
木格栅隔断保持空间的隐秘性

这个小户型原来没有玄关，进门就是客厅、餐厅，为了缓冲视觉，业主特意在进门处设计一个木格栅隔断，以区隔空间，同时也起到缓冲视觉的作用；搭配北欧经典壁纸、可爱的换鞋凳和原木换鞋柜，进门便是一道风景。

（图片提供：家居达人小起的姐姐）

隔断材质：木
设计亮点：细条纹木格栅，极具装饰效果
划分空间：玄关 / 客厅

006
新中式空间中的木格栅

中式空间的规划中少不了富有禅意的木格栅隔断。这个新中式空间中，设计师在入门玄关处放置一款细条纹木格栅，室内景观若隐若现，装饰效果极佳；搭配个性的花艺和金属玻璃花瓶，形成一道绝佳的入户风景。

（图片提供：独立设计师邓凯）

隔断材质：玻璃、木
设计亮点：创意 DIY 隔断，美观与实用并重
划分空间：玄关 / 餐厅

007
高颜值的创意 DIY 隔断

入户玄关处的隔断为业主自己组装，主材分别为定制玻璃、黑色细边框和木板；为了维持玄关的整体感，木隔断的材质和颜色与室内鞋柜、玄关柜保持一致，隔断成为空间的一大亮点。

（图片提供：好好住 sweetrice）

隔断类型：木格栅 + 玄关柜
设计亮点：入户的颜值担当，营造禅意氛围
划分空间：玄关 / 餐厅

008
艺术品与木格栅搭配提升玄关气质

入户玄关处的木格栅设计美观大方，既保证空间的通透性，又兼顾空间的流动与分隔，起到很好的隔断效果。墙壁上特色的挂衣钩活泼灵动，木质边框的穿衣镜与整体风格相呼应。小小的玄关具备多种功能。

（图片提供：合肥 1890 设计）

隔断类型：玻璃砖 + 储物柜
设计亮点：将玻璃砖融入玄关柜，有效改善厨房的采光
划分空间：厨房 / 玄关

009
玻璃砖与玄关储物柜的一体设计

原始户型的痛点在于采光不足、通风不好。于是，设计师把厨房改设在入户右侧，以玄关储物柜区隔入户过道，并在柜体中间大面积运用玻璃砖增加厨房的采光，巧妙改善了厨房的采光问题。

（图片提供：广州建壹设计）

第三章　128个兼具美观与实用的隔断设计 | 041

> 隔断类型：储物柜 + 木格栅
> 设计亮点：隔断的原木材质与地板、家具浑然一体
> 划分空间：玄关 / 餐厅

010
将收纳巧妙融入隔断设计之中

入门玄关处空间比较开敞，设计师采用收纳柜加木格栅的组合设计，打造了一个兼具收纳与美观功能的空间。左侧的原木储物柜底部挑空，方便业主出入门换鞋；右侧的木格栅呈不规则设计，造型感十足。

（图片提供：隐巷设计顾问）

011
到顶储物柜划分玄关与客厅空间

原始入户没有玄关，设计师巧妙借用墙体打造了一款家具玄关，很好地分隔了空间。整面到顶的储物柜，既时尚美观，又具有强大的收纳功能；与另一侧墙面的白色文化砖搭配，营造出艺术气息十足的玄关空间。

（图片提供：上海八零年代设计）

> 隔断材质：木、石膏
> 设计亮点：家具隔断，兼具收纳功能
> 划分空间：玄关 / 客厅

隔断材质：铁
设计亮点：缓冲入户视线，铁艺雕花美观大气
划分空间：玄关/餐厅

隔断类型：艺术玻璃+鞋柜
设计亮点：组合式隔断，既有颜值，又简单实用
划分空间：玄关/厨房

012
入户雕花隔断成为第一道屏障

入口处的铁艺屏风形成一道隔断墙，起到缓冲视线的作用，同时强化了空间的私密性。半镂空的拱形造型新颖别致，精美的雕花搭配头顶的星形吊灯成为这个美式空间的第一处点睛之笔。

（图片提供：常州鸿鹄设计）

013
美观与功能兼具的组合式隔断

入户玄关选用透光性较强的艺术玻璃作为隔断，同时搭配鞋柜，赋予空间一定的储物功能；艺术玻璃与收纳鞋柜的组合，既美观又兼具实用性，成就一块舒心的角落。

（图片提供：上海卉置空间设计）

014
美式空间中的"回"字门厅隔断

设计师将原始储物间打开,将其作为餐厅,使客厅、餐厅更为通透,特意预留的"回"字门厅作为入户的半墙隔断,串联起玄关与餐厅空间,既方便进门换鞋,又使得餐厅具有一定的独立性,并有一种"回廊望窗"之感。

(图片提供:北京玖雅装饰设计)

隔断类型:半墙隔断
设计亮点:"回"字门厅的设计形成独立的玄关
划分空间:玄关/餐厅

015
巧用白色储物柜打造简约玄关

采用定制的储物柜作为隔断是一种经济划算的隔断方式。一面简单的顶天立地储物柜即可形成入户玄关，既起到阻隔视线的作用，又方便入门换鞋帽、随手放置小物品，同时巧妙地划分了玄关与就餐区，一举多得。

（图片提供：由伟壮设计）

隔断类型：储物柜隔断
设计亮点：家具隔断，一物多用，性价比高
划分空间：玄关/餐厅

隔断类型：玻璃格栅
设计亮点：玻璃中间嵌入白色木板，充满创意
划分空间：玄关/客厅

016
玻璃格栅营造时尚现代空间

本户型进门即为客厅，设计师用一面玻璃格栅打造一个精致简约的入户玄关。玻璃格栅中间嵌入白色的长方形木板，独具创意。玻璃独有的透光效果，不会让客厅产生压抑之感，并与现代简约的客厅风格相匹配。

（图片提供：昶卓设计）

隔断材质：木
设计亮点：原木设计与北欧空间相得益彰
划分空间：玄关 / 餐厅

017
极具装饰效果的木栅栏隔断

木质格栅隔断以其独特造型感给人留下了深刻的印象，因而成为整个空间原木的亮点。简单的木格栅搭配原木地板和家具，让人一进门就能感受到北欧风格独有的自然气息。

（图片提供：上海 7kk design）

018
装置艺术造型隔断营造大气入户感

入口处摆放了一个装置艺术造型的半遮蔽隔断，很好地解决了进屋后的隐私问题。隔断以凿面大理石包裹，L 形围绕成"口"字，隐喻"太极"的概念。收纳柜则以胡桃木包覆，与浅色凿面理石形成对比。

（图片提供：隐巷设计顾问）

隔断材质：凿面大理石
设计亮点：半遮蔽玄关，解决入户隐私问题
划分空间：玄关 / 客厅

2. 客厅与书房、卧室

> 隔断类型：半墙隔断
> 设计亮点：隔墙与承重梁采用木饰面包裹，整体感强
> 划分空间：客厅／书房

019

隔而不断的北欧开敞空间

设计师拆除客厅与书房之间的墙体，将半高隔断墙与原承重梁用木饰面包裹起来，视觉得以延伸，两个空间的光源得以相互融通；半墙隔断可软性分隔空间，使得不同的功能区隔中有连接、断中有连续。

（图片提供：合肥 1890 设计）

020
现代空间里的黑白气质隔断

客厅与书房之间的非承重墙,设计师砸掉半堵,然后在上方设计黑框玻璃隔断,黑与白的搭配大气时尚。书房内侧拉上百叶窗帘便可以与客厅隔离,从而形成一个私密空间。

(图片提供:嘉维室内设计工作室)

隔断类型:半墙隔断+玻璃
设计亮点:客厅和书房相互借光,在私密与开敞之间随意切换
划分空间:客厅/书房

021
北欧空间里的镂空隔断

在工作室和客厅之间,设计师采用黑色铁艺镂空隔架做隔断,划分空间的同时,视觉上没有丝毫的阻隔;既丰富空间层次,也不减损客厅的整体感。

(图片提供:北京玖雅装饰设计)

隔断材质:铁、玻璃
设计亮点:黑框玻璃隔断,透光、美观,一体两用
划分空间:客厅/工作室

隔断材质：玻璃
设计亮点：空间扩容，隔断若有似无，增强空间的互动性
划分空间：客厅 / 书房

022
客厅与书房间的细框玻璃移门

客厅中的两扇落地窗为居室提供了充足的采光。设计师并不止于此，在客厅与书房中间安放细框黑色玻璃移门，视线在整个空间中毫无阻隔，由此，开敞的客厅、餐厅空间显得更通透，同时强化了书房与客厅的互动性。

（图片提供：TK 设计金梅芳）

023
巧用玻璃隔断，将阳光与海景引入室内

因为书房的宽度受限，所以设计师拆除原有封闭的墙体，采用玻璃加半墙隔断，避免空间的局促和压抑。通透的玻璃将室外的阳光与海景引入室内，让人在家也能拥有度假般的感受。

（图片提供：钟行建室内设计）

隔断类型：半墙隔断＋玻璃
设计亮点：用玻璃代替传统砖墙，将阳光和海景引入家中
划分空间：客厅／书房

隔断材质：透明玻璃
设计亮点：高透光，保证各个空间拥有足够的采光
划分空间：客厅／书房

024
透明玻璃隔断界定客厅、书房空间

打通客厅和书房，中间采用白色的透明玻璃做隔断，视线毫无阻隔，使得客厅采光更好、更通透，空间现代感更强。小户型空间中，如果对书房的封闭性要求不是太高，可以考虑采用此种隔断方式。

（图片提供：设计师吴飞）

隔断类型：书架隔断
设计亮点：文艺气息十足，软性划分空间
划分空间：客厅/书房

025
北欧工业风空间中的书架隔断

原始户型为三房，因为常住人口不多，于是设计师将原本与客厅相临着的房间打通，设计为开放式的书房。书房与客厅之间用黑色铁艺书架作为隔断，既实用，又起到很好的装饰效果，也让整个客厅空间显得更加开阔。

（图片提供：DE 设计事务所）

隔断材质：纱
设计亮点：布艺软隔断，亦开亦合，不占据视觉空间
划分空间：客厅/卧室

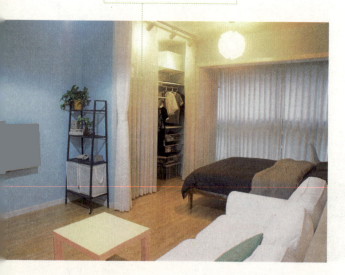

026
白色纱幔软性分隔客厅、卧室空间

此房是单身公寓，客厅和卧室在同一空间内。设计师充分尊重业主的意见，使用白色的纱帘软性分隔客厅和卧室，既保证客厅充足的采光，又使卧室具有一定的私密性，同时拓宽了空间视野。

（图片提供：上海 7kk design）

第三章　128个兼具美观与实用的隔断设计　　051

隔断类型：吧台隔断
设计亮点：书房与客厅相互借光，同时增加收纳空间
划分空间：客厅／书房

吧台隔断的另一侧是储物柜，为书房提供足够的藏书空间。

027
吧台隔断划分客厅、书房空间

原始客厅面积较大，设计师因地制宜地在沙发后面打造一面吧台隔断，隔出一小块书房；吧台的一面刷上灰色乳胶漆，另一面则是储物柜。整个空间隔而不断，即使在书房也能拥有良好的采光。

（图片提供：本空设计）

客厅地面借鉴了日式园林中枯山水的元素，茶几中间是实木地板，外围是小碎石，再外围是瓷砖，别具匠心。

隔断材质：纱
设计亮点：白色纱帘软性划分不同的功能区块，禅意浓浓
划分空间：客厅/书房

028
以软隔断营造日式禅意空间

日式风格的家居格外强调空间的流动与分隔，流动为一室，分隔则为多个功能空间。白色纱帘运用在此处，灵动缥缈，软性划分了客厅与书房，对整体禅意氛围的营造起到点睛的作用。

（图片提供：武汉支点设计）

第三章　128个兼具美观与实用的隔断设计 | 053

隔断材质：砌块砖
设计亮点：半墙隔断，既划分空间，又不影响采光和通风
划分空间：客厅/阅读区

029
半墙隔断划分动静区域

原始格局客厅比较开敞，为了更加合理地规划居室的动静区域，设计师打造了一堵半墙隔断，一则划分动静区，二则充当客厅的电视墙。客厅区域作为日常的活动区，可以看电视、聊天；隔断后面是一处安静的阅读区。

（图片提供：白文玉景设计）

030
小巧置物架的灵活变身

置物架作为常规的活动隔断，灵活性较强，随意摆放便可将空间巧妙进行划分，并且造价不高。在客厅和书房之间放置两组高低错落的置物架，可以做收纳之用；摆上新鲜的绿植，还具有展示功能。

（图片提供：小园子的白日梦）

隔断类型：置物架隔断
设计亮点：集收纳、展示、隔断与一体，灵活实用
划分空间：客厅/阅读区

031
玻璃隔断营造现代时尚客厅

电视背景墙嵌入玻璃隔断的设计给人强烈的现代感，既美观大方，又易于打理，对光线不太好的过道还有增强采光的作用。在隔断内部增设百叶窗帘，以保证卧室的私密性。白墙、原木、黑铁，得益于恰到好处的留白与尺度，空间中洋溢着宜人的现代生活气息。

（图片提供：会筑空间设计）

隔断材质：玻璃、钢架龙骨、奥松板
设计亮点：黑色边框采用钢架龙骨，外贴奥松板，再刷上黑色漆
划分空间：客厅/卧室

032
以电视背景墙界定不同的空间

如此灵动的空间布局中,很难想象这面电视背景墙还是一个隐形的隔断,隔断后面是卧室。这种简约的一物多用设计受到大多数年轻人的喜爱。

(图片提供:深圳木子仁设计)

隔断材料:进口木皮
设计亮点:既是客厅的电视背景墙,又是卧室的隐形门
划分空间:客厅 / 卧室

033
黑框玻璃隔断打通卧室、客厅

本户型是一居室,唯一的采光源来自卧室的窗户。设计师拆除原始非承重墙,将其改造为黑框玻璃隔断,使客厅拥有良好的采光,空间的开阔指数倍增。

(图片提供:独立设计师邓凯)

隔断材质:玻璃、铁
设计亮点:玻璃隔断的高透光性,能够保证客厅的采光
划分空间:客厅/卧室

034
光与影结合的客厅、卧室空间

设计师希望在家居生活中促进家人之间的情感交流，以此为基础，并把这种理念融入设计之中。半墙隔断将自然光很好地引入开放空间，大大增强了视觉效果。家的设计讲究舒适和幸福感，可以通过空间的串联来实现。

（图片提供：隐巷设计顾问）

隔断材质：光面银狐大理石
设计亮点：半墙隔断与吧台围合出一间小卧室
划分空间：客厅 / 卧室

隔断内部是一个小小的睡区，一室变两室，空间利用率因隔断而变得更高。

隔断材质：玻璃
设计亮点：三联玻璃移门隔断增加客厅、餐厅采光
划分空间：客厅/卧室

035
巧用移门隔断，解决客厅、餐厅采光

客厅以白色为基底，地面铺设淡色木质地板，客厅和卧室之间以三联黑边玻璃移门作为隔断，以保证客厅、餐厅拥有良好的采光和通风，也使小户型空间变得更加宽敞。淡灰色沙发、几何图案的地毯、原木质感的家具完美搭配，让这里的一切显得温暖柔和。

（图片提供：上海八零年代设计）

平面图

> 隔断类型：障子门
> 设计亮点：改善客厅采光和通风，强化日式风格
> 划分空间：客厅/卧室

036
日式障子门改善客厅采光

这个空间的格局是大开间，唯一的光源来自卧室。如果把卧室的空间完全隔死，那么客厅就完全没有了采光。因此，设计师采用日式家居中常见的轻质隔断——障子门，既保证客厅的采光，又扩大空间的即视感，同时营造出浓浓的日式和风。

（图片提供：杭州美寓装饰工程）

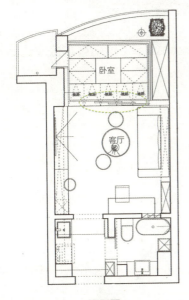

平面图

3. 客厅与餐厅、厨房

隔断类型：家具隔断
设计亮点：不破坏空间整体感，同时满足收纳需求
划分空间：客厅 / 餐厅

037
是餐边柜，也是家具隔断

客厅、餐厅连在一起，设计师在硬装上未做明显的区隔，中间用一条长长的餐边柜作为隔断。这样的设计不仅可以维持空间的完整性，还能将收纳和隔断融为一体。

（图片提供：好好住屋主 Ri 青）

038
巧用家具，打造美式开放空间

这个空间中设计师所展现的是美式风格中特有的开放式格局。在客厅中尽可能减少隔断墙面，为此特意定制了高靠背卡座，与客厅"划清界限"，同时确保餐厅拥有较安静的用餐氛围。

（图片提供：成都志轩设计）

隔断类型：家具隔断
设计亮点：高靠背卡座隔断，既是家具，也是隔断
划分空间：客厅/餐厅

隔断材质：复合木地板、不锈钢
设计亮点：兼顾电视背景墙和隔断的双重功能
划分空间：客厅/餐厅

039
一体两用的隔断墙

客厅与餐厅之间的隔断墙采用的是实木地板加不锈钢包边设计，充满时尚质感。此设计不仅起到划分空间的作用，同时很好地消除了客厅无电视背景墙的"尴尬"。

（图片提供：可米设计）

隔断类型：半墙隔断
设计亮点：既不影响采光，又有一定的隐秘性
划分空间：客厅/餐厅/茶室

040
半墙隔断营造私密的茶室空间

设计师将客厅的电视背景墙予以延伸，作为茶室与餐厅之间的半墙隔断。隔断外墙贴上白色文化砖，内墙刷上与客厅墙面颜色相同的彩色乳胶漆，搭配同色系的窗帘，营造出静谧的茶室空间。

（图片提供：后筑空间）

平面图

隔断类型：半墙隔断
设计亮点：既分隔空间，又不影响公共区域的采光和通风
划分空间：客厅 / 餐厅

041
半墙隔断界定餐厅和客厅

客厅、餐厅空间通过一个半墙隔断区分开来，隔断的上部分采用镂空处理，下部分使用的材质与卡座相统一，为实木护墙板。在不影响采光和整体通透性的前提下，餐厅成了独立的空间。

（图片提供：成都清羽设计）

隔断材质：欧松板、实木面板
设计亮点：迷你小半墙隔断，实木面板带给空间更多的温润感
划分空间：客厅/餐厅

042
迷你小半墙拓宽空间视野

客厅、餐厅在同一空间中，顶部以打通的吊顶将整个区域有机组合在一起。其中，半墙隔断软性分隔了两个区域，产生了隔而不断的视觉效果，既不影响空间的整体感，又营造出休闲感的空间氛围。

（图片提供：如是空间室内设计）

043
吧台隔断巧妙地划分餐厅、客厅空间

这个北欧开敞式空间中,客厅、餐厅之间毫无阻隔,吧台既可以作为中式的餐桌,又可以喝茶闲聊,同时能够软性分隔客厅、餐厅。黑白两色的单椅和吊灯线条感十足,整个空间充满现代韵味。

(图片提供:重庆双宝设计机构)

隔断类型:吧台隔断
设计亮点:是吧台,也是客厅与餐厅之间的隔断,一举两得
划分空间:客厅/餐厅

隔断材质：木
设计亮点：艺术感十足，功能划分明确
划分空间：客厅/餐厅

044
是书柜，也是艺术隔断墙

餐厅和客厅中间的定制隔断墙，朝向客厅的一面是书柜，以取代传统的电视墙；朝向餐厅的一面则简单做了装饰，两个空间靠一面落地窗采光。艺术隔断墙作为空间的分水岭，赋予每个空间不同的功能。

（图片提供：蚊虫三设计）

隔断类型：吧台隔断
设计亮点：保持空间通透感，增添用餐情调
划分空间：客厅/餐厅

045
吧台隔断划分客厅、餐厅空间

客厅、餐厅一体，空间比较大，业主希望将两者清晰地区隔开来，但最好依旧保持空间的通透感。于是，设计师在此处放置了原木小吧台。夫妻两人平时可以在吧台上边聊天边看电视，极富情调。

（图片提供：成都志轩设计）

046
沙发、餐边柜组合，软性分隔公共空间

隔断类型：家具隔断
设计亮点：家具软隔断，灵活多变，不破坏整体感
划分空间：客厅／餐厅

在这个偏现代美式的空间中，设计师尽量弱化隔断的存在感，沙发搭配餐边柜的摆设，凸显了设计师软装搭配的技艺；此设计既不影响整个公共空间的采光和通风，又无形中分隔了客厅、餐厅空间。

（图片提供：武汉 C-IDEAS 陈放设计）

隔断类型：半墙隔断＋吧台隔断
设计亮点：半墙电视柜隔断组合餐厅吧台隔断，错落有致
划分空间：客厅／餐厅／厨房

047
电视背景墙与隔断合二为一

电视墙有时并不需要一整面实体墙，将电视墙与隔断合二为一，便可很好地区隔客厅和厨房、餐厅空间；同时，背景墙和吧台巧妙融合，一体化的设计使得小空间整体感更强，体现了简约之美。空间的使用，因设计而变得多元。

（图片提供：五明原创设计）

隔断材质：大理石
设计亮点：选用天然细花大理石，彰显现代时尚感
划分空间：客厅／厨房

048
气质大理石隔断墙演绎现代主义

整个空间的布局以时尚简洁为主，客厅、厨房呈开敞式设计，天然细花大理石隔断内嵌电视机，既可延伸视觉的开阔性，又赋予空间更多的变化和层次。

（图片提供：北京硕美创高室内设计）

隔断材质：木
设计亮点：中式镂空雕花隔断，营造禅意新古典风格
划分空间：客厅 / 餐厅

空间除了实体隔断，设计师还综合运用了象征性隔断，客厅深色的木地板与餐厅区域的防滑地砖，形成一定的对比与呼应。

049
中式镂空隔断营造禅意空间

设计师在实体墙的基础上，将原本乱且繁杂的空间进行了改造，使得空间布局更加方正，动线更加流畅。绿色中式镂空隔断是空间的一大亮点，与整个新古典风格的空间相得益彰，禅意无穷。

（图片提供：文学设计事务所）

隔断类型：吧台隔断＋玻璃
设计亮点：强化厨房与客厅的互动性，营造若有似无的感觉
划分空间：客厅 / 厨房

050
吧台和玻璃隔断的巧妙组合

厨房和客厅之间采用一整面透明玻璃作为隔断，室内的采光得到极大的改善；透过玻璃隔断可以看到厨房内部，体现了较强的空间互动性。吧台提供了一个实用、休闲的区域，平时可以在此喝茶聊天，也可作为工作台面使用。

（图片提供：嘉维室内设计工作室）

隔断材质：纱
设计亮点：软性隔断，巧妙划分功能区
划分空间：客厅 / 餐厅

051
纱帘隔断让客厅和客房灵活切换

客厅兼客房功能，为了让客厅的私密感更强，设计师在客厅与餐厅中间做了一个纱帘隔断。有客人留宿时，放下纱帘，客厅变成客房。平时，收起纱帘，公共区域开敞通透。此设计满足了业主对弹性空间的需求。

（图片提供：北京硕美创高室内设计）

> 隔断类型：半墙隔断
> 设计亮点：不影响餐厅的采光和通风，且自成独立空间
> 划分空间：客厅/餐厅

052
用小半墙隔断划分餐厅、客厅

这个美式空间中，客厅、餐厅在一条直线上，中间隔着过道。基于业主对就餐区安静氛围的需求，设计师在两者的衔接区域打造了一个迷你半墙隔断，且不影响餐厅的采光，一堵小墙将此处围合成独立的空间。

（图片提供：天津深白设计）

4. 客厅与阳台、过道

隔断材质：玻璃、木
设计亮点：玻璃木门的透光性强，为客厅充分引入自然光
划分空间：客厅／阳台

053
玻璃木门——让客厅与自然"亲密接触"

需要从客厅步入阳台，呼吸空气，仰俯天地，亦需要引入一些阳光，将室内洒满温暖，让人与自然在室内实现"亲密接触"，白色的玻璃木门是不错的隔断选择。配上充满质感的白色纱帘，随时放松身心。

（图片提供：北岩设计）

隔断材质：玻璃
设计亮点：玻璃推拉移门，轻质、透光，灵活隔开两个空间
划分空间：客厅/阳台

054
黑白玻璃移门隔断引光入室

客厅和阳台之间使用简洁大气的北欧黑白玻璃移门，以分隔空间，这样的设计可保证客厅获得足够的采光。周末，沐浴在阳光中，洒扫庭除，不失为一种有情调的生活。

（图片提供：上海鸿鹄设计）

隔断材料：木
设计亮点：禅意日式格栅，情趣满满
划分空间：客厅/阳台

阳台的地面做抬高处理，材质上与客厅亦有所区分。

055
禅意木格栅划分客厅、阳台空间

在客厅和阳台之间，设计师采用日式木格栅做隔断，款式上选择细密的条纹，禅意无穷；光线穿过格栅可以洒到水泥墙壁上，流露出寂静的时光之美，为空间增添了艺术气息。

（图片提供：广州家语设计）

隔断类型：花架隔断
设计亮点：软性分隔空间，花架和植物完美匹配
划分空间：客厅/阳台

056
简约花架软性划分客厅、阳台空间

客厅和阳台区域未做硬性的功能分区，白色和木色相间的简约花架将两者软性分隔开来。这样的设计可以充分借用阳台外的自然光，让整个公共空间显得更加通透、明亮。灰色的懒人沙发靠近阳台，成为随时晒太阳的休闲角落。

（图片提供：上海八零年代设计）

057
定制置物架隔断赋予空间叠加功能

置物架的作用不仅在于收纳和展示，还可以灵活作为隔断，透过架子可以若隐若现地看后面的空间，使空间具有叠加性和隐蔽性。此外，置物架隔断可以根据业主的需求，定制尺寸和颜色，且价格适中，因此性价比极高。

（图片提供：家装达人严媛媛）

隔断类型：置物架隔断
设计亮点：弥补户型不足，增加收纳空间
划分空间：客厅/过道

058
木格栅隔断的隐约意境

以原木为主的日式客厅空间，木格栅隔断的运用可有效避免客厅直冲过道；以虚与实的穿透效果营造出休闲的禅意，同时丰富了空间层次。搭配日式风格小饰品，禅味雅致的生活隐然浮现。

（图片提供：合肥1890设计）

隔断材质：木格栅
设计亮点：营造日式禅意，作为背景墙的延伸
划分空间：客厅/过道

隔断材质：木
设计亮点：既是隔断，也可作为书柜和展示架
划分空间：客厅 / 过道

059
以展示柜区隔客厅、过道空间

为了让客厅更加规整，设计了此款置物架隔断，木质隔断不仅增加了室内的展示和收纳空间，也不破坏整体的通透性。摆上好看的书籍，再放一把舒适的单椅，便成为一处精致的阅读角。

（图片提供：星瀚设计工作室）

隔断材质：铁
设计亮点：美式镂空雕花隔断，大气美观，与室内风格相统一
划分空间：客厅 / 过道 / 卫生间

060
极具装饰性的铁艺镂空隔断

客厅的铁艺镂空隔断有效分隔了客厅与过道、卫生间，镂空的设计让光线自由进出；精美的雕花工艺赋予空间时尚感，与客厅白色的墙面与布艺沙发在视觉上形成黑白对比，成为客厅的亮点。

（图片提供：上海八零年代设计）

隔断类型：玻璃移门隔断	改变地面的拼贴方式也是一种隐性隔断。客厅与餐厅的地砖由浅到深，有一定的过渡。
设计亮点：白色玻璃移门隔断，丰富空间层次	
划分空间：客厅/玄关/餐厅	

061
玻璃移门营造隔而不断的视觉效果

一入门室内的景象便一览无余，且玄关、餐厅、客厅在同一空间；设计师巧妙地通过玻璃隔断和地面铺贴进行功能区分，隔而不断的造型让整个空间显得更加宽敞透亮。

（图片提供：七间设计）

隔断类型：屏风隔断
设计亮点：屏风隔断缓解进门的即视感，黑色的造型与室内风格相统一
划分空间：客厅 / 玄关

062
将隔断融入家居设计

户型进门即为客厅，无玄关空间，因为设计师在进门处设置了一个屏风隔断，解决了进门就看到客厅的"尴尬"难题。木质黑色屏风隔断与整个空间内的家居风格相协调，最大限度地弱化了隔断的存在感。

（图片提供：北岩设计）

063
日式障子门界定阳台空间

设计师将原来的阳台改造为榻榻米书房空间,空间实现了"升级",但客厅的采光却受到影响。设计师特意将榻榻米的移门设计成日式障子门,移门推开,客厅仍可以获得较好的采光;移门关上,则是一处集会客、工作、休息于一体的榻榻米空间。

(图片提供:成都秋刀设计)

隔断类型:障子门
设计亮点:轻巧的障子门界定客厅、阳台空间
划分空间:客厅/阳台

064
将玄关隔断融入家具设计

玄关位置上的镂空木艺隔断与室内的几扇门在风格保持统一,流线的树枝形图案似隔非隔地划分了玄关与客厅空间,并起到点缀环境和美化空间的作用。

(图片提供:威利斯空间)

隔断材质:木
设计亮点:镂空树枝形隔断,美观创意
划分空间:客厅/玄关

5. 餐厅、厨房

玻璃移门合上，可阻隔来自厨房的油烟；玻璃移门打开，正好是两面储物柜的柜门。

隔断材质：玻璃、铁
设计亮点：既是移门隔断，又是橱柜门，一物多用
划分空间：餐厅/厨房

065
阻隔油烟的黑框玻璃移门

为了使厨房与餐厅保持一定的通透感，并阻隔厨房的油烟，设计师选用黑框玻璃移门。此外，设计的巧妙之处在于，移门打开后可作为储物柜上半部分的柜门，一举两得。

（图片提供：独立设计师周轩昂）

隔断材质：半墙隔断
设计亮点：既划分空间，又不影响餐厅的采光
划分空间：餐厅/厨房

066

巧用半墙隔断，区隔空间

出于业主的需求，厨房未做成全开放式，设计师用半墙隔断区分餐厅、厨房空间，不影响家人之间的沟通与互动。白色的墙体造型简单，呼应了空间的简约与现代之风。

（图片提供：成都梵之设计）

隔断类型：吧台隔断
设计亮点：是吧台，也是隔断；既开放，又有区分
划分空间：餐厅/厨房

067

小吧台的开放空间

在厨房和餐厅中间，设计师打造了一个西式的吧台，巧妙地界定了厨房与餐厅。在吧台上，业主夫妇可以边喝红酒边讨论下一站的旅行，充满小资情调。

（图片提供：合肥1890设计）

隔断材质：抛光大理石
设计亮点：是吧台，也是隔断，材质、色彩与整个空间高度匹配
划分空间：餐厅 / 厨房

068
吧台隔断让空间饶有趣味

开放的空间中，设计师在"一"字形厨房和餐厅中间打造了一个小型吧台。区隔生活空间的同时，形成了彼此之间的连接；吧台的材质和颜色与整个空间氛围相吻合，在某种程度上弱化了隔断的存在感。

（图片提供：昶卓设计）

隔断材质：玻璃
设计亮点：阻隔油烟，不妨碍采光
划分空间：厨房烹饪区 / 洗菜区

069
玻璃隔断延伸视觉效果

厨房的油烟会让精心打造的橱柜变得不再美观。在空间有限的前提下，在烹饪区和橱柜区设置这样一面玻璃隔断，可以避免白色的橱柜沾染上油烟；金属包边的设计尽显现代之风。

（图片提供：深圳木子仁设计）

隔断类型：半墙隔断 + 玻璃
设计亮点：组合式隔断设计，弥补空间不足，创意满满
划分空间：餐厅 / 过道

070
美观与功能兼具的组合式隔断

餐厅正对着卧室门，为了弥补格局上的不足，设计师将定制的卡座予以加长、延伸，形成半墙隔断，并在上方安装黑框玻璃；一黑一白的搭配个性时尚，餐厅成为空间的视觉焦点。

（图片提供：周留成木桃盒子空间设计）

隔断类型：吧台隔断
设计亮点：区隔空间，成为家具的组成部分
划分空间：餐厅/厨房

071
运用吧台区隔厨房和餐厅空间

考虑到业主对厨房的利用率不高，不需要封闭式厨房，所以设计师以兼具收纳功能的吧台作为厨房和餐厅之间的隔断，吧台不仅可以作为备餐台，也让家人之间能有更多的互动。

（图片提供：大成设计有限公司）

隔断材质：磨砂玻璃
设计亮点：一室变两室，提高空间利用率
划分空间：餐厅/卧室

072
玻璃移门保持空间的隐蔽性

原始空间次卧较大，且没有餐厅，于是设计师将次卧一分为二，中间以玻璃推拉门做区分，磨砂的材质还可保证次卧的隐秘性。白天移门打开，餐厅和客厅可以获得足够的采光。

（图片提供：罗秀达居住空间设计）

隔断材质：铁
设计亮点：铁艺隔断架的装饰性远大于实用功能
划分空间：餐厅/书房

073
线条简约的黑色铁艺隔断架

空间内的铁艺隔断造型独特，极具现代感，很大程度上提升了整个空间的装饰效果。在不破坏光线的前提下，将餐厅和书房区域进行划分，实用之中蕴含美感。

（图片提供：晓安设计）

隔断材质：茶色玻璃
设计亮点：既起到装饰作用，又可遮挡外界视线
划分空间：餐厅/厨房

设计师在地面材质的铺装上也做了相应的处理，一深一浅的搭配，强化了空间的层次感。

074
茶色玻璃划分厨房、餐厅空间

厨房与餐厅相连，且面积较大，设计师在中间打造了一面玻璃隔断，可以隔绝来自厨房的油烟；同时，茶色的玻璃为餐厅营造了私密感。

（图片提供：深圳木子仁设计）

075
巧用置物架弥补户型不足

为了弥补餐厅墙面的不足，设计师专门定制了一款铁艺置物架隔断作为延伸，餐厅的实用功能因此增强；同时，将置物架打造成一面可移动的立体植物墙，业主一家可以在上面种花、养草。

（图片提供：返筑空间）

隔断材质：木格栅
设计亮点：矫正户型不足，成为原木空间中的点睛之笔
划分空间：餐厅 / 榻榻米和室

隔断类型：置物架隔断
设计亮点：既是隔断，也是置物架、展示柜、植物乐园
划分空间：餐厅 / 过道

076
让隔断变成视觉焦点

餐厅正对着榻榻米和室，设计师通过木栅栏隔断将墙体延伸，以完善格局。原木餐桌椅、竹编吊灯、木艺挂盘，在这个日式餐厅空间中，木栅栏瞬间成为视觉的焦点。

（图片提供：成都梵之设计）

> 隔断类型：障子门＋抬高地台
> 设计亮点：在开放与封闭之间自由切换，增强餐厅的采光
> 划分空间：餐厅／榻榻米和室

077
和室空间内的移门隔断

在榻榻米和室和餐厅之间，设计师利用一扇外框为实木的障子门作为隔断，让空间变得更加多元。移门开启时双边互通，关闭时各自独立。

（图片提供：广州家语设计）

隔断类型：木格子屏风
设计亮点：镂空设计木格栅，不破坏客厅、餐厅采光
划分空间：客餐厅/玄关

078
原木空间里的格子屏风隔断

入户即为客厅，为了增加空间感，设计师在客厅增设一个原木格子屏风作为隔断，既满足了通风和采光，又具有一定的私密性。整个日式空间以原木色为主，格子屏风隔断与整个居室的风格相得益彰，放在此处不显突兀。

（图片提供：本小墨设计）

079
工业风空间中的小吧台隔断

用海吉布包裹的隔断墙，同时可以作为吧台；厨房和过道可以通过吧台这个小窗口，分享彼此的光线，也方便家人之间进行沟通。这个吧台隔断让毫不起眼的过道空间成为"家居一景"。

（图片提供：DE设计事务所）

隔断类型：吧台隔断
设计亮点：既是吧台，也是隔断，同时具有一定的储物功能
划分空间：厨房/过道

080
隐藏式木格栅隔断

餐厅造型简单，原木餐桌椅搭配木质餐边柜，日式风情浓郁。空间的设计亮点在于，餐厅另一端的木格栅推拉移门。移门合上，可以收纳钢琴，也可以遮挡杂物；移门打开，与餐厅融为一体，空间在动静之间找到了妙不可言的契合点。

（图片提供：广州家语设计）

隔断类型：木栅栏移门
设计亮点：餐厅一室秒变两室
划分空间：餐厅/钢琴室

6. 卧室

隔断类型：家具隔断
设计亮点：是转角置物架，也是划分空间的隔断
划分空间：睡眠区／工作区

081

卧室的转角储物柜隔断

如果卧室空间较大，那么家具软隔断是一个很好的选择。在不破坏整体氛围的情况下，家具隔断既可以满足卧房的收纳，也兼顾区隔空间的作用，赋予卧室更加多元的功能，一举数得。

（图片提供：奇异空间设计）

082
白色纱帘打造奇幻与柔美并重的卧室

这个单身公寓的男业主非常有创意，在卧室中大面积采用白色纱帘，营造出朦胧的意境美。纱帘内侧是隐藏式衣帽间，一体的白色设计契合了"天空之城"的空间基调。

（图片提供：北京硕美创高室内设计）

隔断材质：纱
设计亮点：一体化设计，软性隔断不占据视觉空间
划分空间：睡眠区 / 衣帽间

083
黄色烤漆玻璃隔断成为视觉焦点

卧室空间相对较大，更衣间为开敞式。为了进一步提升空间的隐蔽性，设计师以鹅黄色烤漆玻璃作为隔断，同时满足了业主提出"睡眠区光线不必太亮"的个性化要求。亮丽的浅黄色也成了卧室的色彩点缀。

（图片提供：隐巷设计顾问）

隔断材质：烤漆玻璃
设计亮点：赋予更衣间一定的私密性，色彩点缀
划分空间：睡眠区 / 更衣间

隔断类型：透明玻璃+半墙隔断
设计亮点：将卫生间很好地融入卧室，保证卫生间采光
划分空间：卧室/主卫生间

084
玻璃隔断打造酒店式主卧卫生间

业主不喜欢太过阴暗的卫生间，因此自主设计了这个半墙加玻璃隔断，使空间如星级酒店般的高贵；得益于玻璃的高透光性，卫生间显得通透明亮，整间卧室毫无拥挤之感。

（图片来源：家居达人沈沈）

085
流动与分隔的卧室、书房空间

主卧和书房相连通,中间以一扇白色百叶折叠门作为隔断,隔断的另一侧是书房空间。这样的设计实现了日式空间中所强调的流动与分隔,流动为一室,分隔则分两个功能空间。

(图片提供:杭州真水无香室内设计)

隔断材质:百叶折叠屏风
设计亮点:可移动屏风隔断,体量小,打造多变空间
划分空间:卧室/书房

隔断上的布帘可收可放，收起时，空间的通透感增强。

隔断类型：半墙隔断
设计亮点：破解卧室床正对卫生间的不良格局
划分空间：卧室／卫生间

086
巧用隔断，破解户型难题

原先主卧的床正对着卫生间的门，经过设计后，在卧室中间增加了一个小巧的半高隔断，从心理和视觉上解决了这个问题。隔断下部设计为储物柜，既可以在上面摆放一些饰品增加情调，又增加了收纳空间，同时弥补了没有床头柜的不便。

（图片提供：成都清羽设计）

087
玻璃门代替轻体墙，客厅、卧室相互借光

为了实现客厅和卧室之间相互借光，设计师打掉了连接两者间的非承重墙，将其改造成固定的黑框玻璃隔断，两个空间变得明亮又宽敞。休息时，将百叶窗帘关上，卧室就是一个独立的空间。

（图片提供：家居达人阿诺）

隔断材质：玻璃
设计亮点：引入客厅光源，拓宽空间视野
划分空间：客厅/卧室

088
半墙隔断兼具书桌功能

低矮的半墙是卧室和阳台间的隔断,设计师充分利用每一寸空间,因地制宜地将实木板固定在这个墙垛子上。女业主偶尔在家办公,此处便成了简易的家庭办公区。

(图片提供:罗秀达室内工作室)

隔断类型:半墙隔断
设计亮点:半墙隔断兼具书桌的功能
划分空间:卧室/阳台

隔断类型:展示柜隔断
设计亮点:透光、收纳两不误
划分空间:卧室/工作室

089
兼具收纳与隔断功能的展示柜

在卧室与工作室之间,设计师利用定制的开放式收纳柜区隔空间。收纳柜的穿透性让视觉得以延伸,也不会占用过多的面积。利用展示柜做隔断,无形中增加了空间的使用面积,让生活更舒适。

(图片来源:多格装饰)

隔断类型：黑板漆折叠门
设计亮点：在开放与私密之间任意切换，一室变两室
划分空间：卧室 / 客厅

090
隔断让空间灵活多变

在这个一居室内，设计师在卧室和客厅中间设计了一扇黑板漆折叠门。折叠门关上，卧室可拥有私密的氛围；折叠门打开，叠放在电视背景墙旁边，是一面个性的黑板墙，可随意涂鸦。折叠隔断门的设计增添了空间的趣味性与功能性。

（图片提供：昶卓设计）

隔断材质：布
设计亮点：将衣帽间隐形于布帘之后，空间整体感强
划分空间：卧室／衣帽间

091

巧妙运用布艺软隔断，打造隐形衣帽间

利用斜角空间，设计师在此处打造了一个隐形的衣帽间。衣帽间的门用布帘代替，视线在小小的空间内不受阻隔，无形中增加了卧室的面积。

（图片提供：天津深白设计）

平面图

隔断类型：布艺隔断
设计亮点：布艺软隔断成就独立衣帽间
划分空间：睡眠区 / 衣帽间

092
布艺隔断让独立衣帽间成为可能

小空间做隔断特别讲求一物多用，可选用软隔断的方式。床头靠窗，释放出更多的侧面墙体，作为衣帽间；拉开布帘，隐形衣帽间跃入眼前；隔断用得好，再小的空间也可以实现功能分区。

（图片提供：上海独立设计师 ross）

093
打造玻璃屋质感的更衣室

这间男孩房中，更衣室是空间设计的重点。设计师将工业风格元素和展示概念融入其中，以喷黑铁制水管组成衣架，并以黑色透明玻璃作为隔断，提升空间的品质感。

（图片提供：隐巷设计顾问）

隔断材质：黑色透明玻璃
设计亮点：黑色透明玻璃提升了空间的质感
划分空间：卧室 / 更衣室

094
白色镂空屏风隔断营造半遮蔽效果

主卧的床正对着卫生间的门,为了破解这一"尴尬"格局,设计师在中间放置一扇白色镂空屏风隔断。隔断镂空的设计不破坏卧室的通透感,简单的白色树枝状造型也与整体风格相匹配。

(图片提供:陈圣亮设计工作室)

隔断类型:屏风隔断
设计亮点:解决卧床正对主卫生间门的难题
划分空间:卧室/主卫生间

第三章　128个兼具美观与实用的隔断设计　103

隔断类型：窗帘隔断 + 抬高地台
设计亮点：软隔断与象征性隔断组合使用，强化功能分区
划分空间：睡眠区 / 工作间

095
抬高地面，阳台秒变工作间

在卧室的阳台区，设计师采用抬高地面的方式与睡眠区做区分，地面材质也改为复合木地板，同时在阳台两侧分别嵌入置物架和书柜，阳台升级为舒适的工作间。工作时，拉上布艺窗帘，工作区和卧室各自独立。

（图片提供：北岩设计）

卧室地面使用进口瓷砖，阳台处则为复合木地板，从空间材质上再次强化了功能分区。

096
玻璃移门界定卧室、阳台空间

阳台位于卧室旁,将隔断改为玻璃移门的设计可赋予卧室多重功能,一方面可以保证工作区拥有安静的氛围,另一方面能满足卧室的基本采光,并且白色的玻璃移门与整个空间温馨的调性相契合。

(图片提供:青岚设计)

> 隔断类型:玻璃移门隔断
> 设计亮点:亦开亦合,满足卧室的基本采光
> 划分空间:卧室/工作间

第三章　128个兼具美观与实用的隔断设计 | 105

隔断材质：透明玻璃
设计亮点：将采光最好的区域留给书房，并保证卧室采光
划分空间：卧室 / 书房

097
透明玻璃区隔并串联空间

为了使卧室的功能更加完备，设计师在卧室内开辟了一间小书房，书房与床之间使用透明玻璃作为隔断。这样的设计可以将光线最好的区域留给书房，同时不影响睡眠区的基本采光，最大限度地提高空间利用率。
（图片提供：胡狸设计）

此设计的一个亮点是床头定制的整木背板与玻璃隔断组合使用。

7. 卫生间

隔断材质：木
设计亮点：延续日式禅意风格，划分干湿区域
划分空间：盥洗区 / 过道

098

充满禅意的日式屏风隔断

原木材质是这个日式空间内的绝对主角，原木地板、原木餐桌椅，当然也少不了原木屏风隔断。隔断采用中式的回纹造型，搭配顶部的竹制造型和墙面的梅花镜，空间充满浓浓的自然之趣与日式禅意。

（图片提供：上海八零年代设计）

隔断材质：钢化玻璃、马赛克瓷砖
设计亮点：钢化玻璃搭配半墙隔断，增添空间趣味性
划分空间：淋浴区／盥洗区

隔断材质：防水浴帘
设计亮点：布艺软隔断，节省卫生间的使用面积
划分空间：淋浴区／盥洗区

099
钢化玻璃和半墙隔断的组合搭配

在卫生间设计师使用钢化玻璃加半墙隔断进行干湿分区，打破了传统设计中只有钢化玻璃的单调感；同时，在错落的半墙上铺贴马赛克瓷砖，使得空间饶有趣味。

（图片提供：成都清羽设计）

100
性价比极高的浴帘隔断

卫生间面积不大，设计师选用大面积的浅色系墙、地砖，以增强视觉效果，并通过一席白色挂帘轻松实现干湿分离。空间的亮点是淋浴区铺设的防滑木地板和深色墙砖，不同的材质再次界定了功能区。

（图片提供：成都梵之设计）

隔断类型：木格栅+半墙隔断
设计亮点：木格栅与半墙隔段的完美组合，既美观又实用
划分空间：盥洗区/客厅/过道

101

木格栅与半墙组合的隔断

卫生间干湿分区，盥洗区中，设计师采用半墙加木格栅的组合隔断，既起到区隔空间的作用，又极富创意与装饰性；若隐若现的木格栅还与室内原木家居风格相呼应。

（图片提供：呆萌蘑菇）

102
美感与实用兼具的竹格栅

卫生间的盥洗区独立于过道间,释放卫生间面积的同时,充分利用了过道狭长的空间。隔断材质选用天然竹子,与地面铺设的木地板以及墙面的白色文化砖形成不同材质的呼应,小小的过道也能拥有不同的风景。

(图片提供:时光悠然设计)

隔断材质:竹
设计亮点:整合空间,竹栅栏与整个原木氛围相得益彰
划分空间:盥洗区 / 过道

103
保护隐私的磨砂玻璃隔断

这个不足 5 平方米的卫生间中,设计师充分利用空间,实现了干湿分离。隔断采用的是磨砂玻璃,能在一定程度保护业主的隐私,并呼应了空间的洁净与时尚感。

(图片提供:天津末那识装潢设计工作室)

隔断材质:磨砂玻璃
设计亮点:区隔空间、保护隐私
划分空间:盥洗区 / 淋浴区

> 隔断类型：半墙隔断 + 防水浴帘
> 设计亮点：软隔断与硬隔断的奇妙组合，极富创意
> 划分空间：淋浴区 / 盥洗区

104
浴帘与半墙隔断的巧妙组合

卫生间的干湿分区，设计师采用浴帘和半墙隔断的组合形式，拉上浴帘，是一个独立的淋浴区；收起浴帘，卫生间的空间感瞬间变强。半墙隔断上拼贴白色的地铁砖，与淋浴区的墙面形成材质上的呼应。

（图片提供：天津深白设计）

第三章　128个兼具美观与实用的隔断设计 | 111

隔断材质：防水浴帘
设计亮点：水滴状黑白浴帘增添空间的趣味性
划分空间：淋浴区 / 盥洗区

105
水滴浴帘分隔卫浴空间

卫生间面积不大，以浅色系为主调，为了不占据更多的视觉空间，采用一席浴帘做干湿分区。防水浴帘和毛巾相映成趣，水滴状的图案使整个空间别具一格。

（图片提供：嘉维室内设计工作室）

隔断材料：钢化玻璃
设计亮点：形成独立淋浴区，强化功能分区
划分空间：淋浴区 / 盥洗区

106
钻石形钢化玻璃隔出独立淋浴区

卫生间主体色为灰色，拼色六角形地砖为浴室增添了一份神秘感，浅蓝色的防水漆勾勒出空间层次。独立的淋浴区设计实现了卫生间的干湿分离，营造出自在的浴室空间。

（图片提供：成都清羽设计）

107
营造朦胧感的玻璃砖

卫生间的干湿分离设计师采用了实用与美感兼备的玻璃砖，玻璃砖的独特质感增加了空间的趣味性。多彩的墙面花砖搭配晶莹的玻璃砖隔断，尽显几分朦胧之美。

（图片提供：成都秋刀设计）

隔断材质：玻璃砖
设计亮点：划分干湿区域，营造出朦胧感
划分空间：淋浴区 / 盥洗区

隔断材质：玻璃、大理石
设计亮点：组合使用的隔断，极具现代感
划分空间：淋浴区 / 盥洗区

108
玻璃与大理石的组合式隔断

这个极具现代感的卫生间中，设计师使用灰色玻璃加半墙大理石做隔断，造型新颖别致。特别定制的长条洗面盆和两面独立的镜子，让每个清晨"剃须刀"和"睫毛膏"不再打架。

（图片提供：成都秋刀设计）

109
美式造型门区隔生活

简约美式的家居风格中，在玄关过道和卫生间之间，设计师以拱形门做区隔，既不影响视线的穿透，又让美式风的设计语汇更加凸显。

（图片提供：常州鸿鹄设计）

> 隔断类型：造型门隔断
> 设计亮点：以拱形门强化美式风情
> 划分空间：卫生间/玄关过道

> 地面材质也有比较明显的过渡和划分，搭配拱形门，丰富了空间层次。

110
半墙隔断与茶色玻璃的重新组合

这个现代感十足的空间中，一切呈开敞式布局，卫生间的设计也遵循这一原则，采用茶色玻璃与半墙隔断的组合方式；墙面材质为复古白色文化砖，即便是卫生间也可以酷酷的。

（图片提供：南京可米装饰）

> 隔断材质：玻璃、文化砖
> 设计亮点：茶色玻璃与文化砖组合，文艺范儿十足
> 划分空间：卫生间/餐厅/过道

隔断材质：玻璃砖
设计亮点：玄关和卫生间相互借光，具有一定的装饰性
划分空间：卫生间 / 玄关

隔断材质：钢
设计亮点：现场焊接制作，颇具工业风
划分空间：盥洗区 / 过道

111
通透又养眼的玻璃砖

打掉卫生间的一面墙，装上玻璃砖，入户门厅和卫生间之间相互借光，阵列组合的方式与整体风格相协调。可爱的换鞋凳起到装饰作用，植物的点缀让人一天都有好心情。

（图片提供：周留成木桃盒子空间设计）

112
钢结构隔断契合工业风主题

这间独立盥洗区是设计师在原始户型的基础上改动而来的；现场定制的钢结构黑色镂空隔断与整个居室工业风的感觉非常搭调，挂上创意的钟表、做旧车牌等饰品，强化了工业质感。

（图片提供：一城设计杨瀚）

隔断材质：磨砂玻璃
设计亮点：既区隔空间，又保证私密性
划分空间：淋浴区/盥洗区

113
卫生间的磨砂玻璃移门隔断

如果卫生间面积比较大，想要实现干湿分离，同时对私密性有一定的要求，那么磨砂玻璃移门隔断是不错的选择；既大气，又极具功能性。

（图片提供：文学设计事务所）

114
铁艺与绿植完美搭配的隔断

卫生间干湿分离，使用铁艺隔断架保证了空间的通透性，隔架上还可以搭配一些绿植，美观养眼。铁艺隔断通过上、下和靠墙一侧三面加以固定，底部采用螺丝钉固定，顶部以打胶固定。空间虽然不大，但移步异景，换个角度亦是一番天地。

（图片提供：昶卓设计）

隔断类型：铁艺隔断架
设计亮点：铁艺隔断架与绿植相组合，美观养眼
划分空间：盥洗室/过道

115
黑白空间内的钢化玻璃隔断

卫生间格局方正,配色上选用极简的黑、白两色,极具视觉张力。干湿分区采用常规的钢化玻璃隔断,不破坏空间的整体感;立体感强的地砖中和了墙面大面积的白,空间变得层次分明。

(图片提供:武汉诗享家设计)

隔断材质:钢化玻璃
设计亮点:通透感强,不破坏空间整体感
划分空间:盥洗区 / 淋浴区

隔断材质:钢化玻璃
设计亮点:防水壁纸让单调的空间与众不同
划分空间:盥洗区 / 淋浴区

116
玻璃隔断与墙面壁纸强化功能分区

卫生间的干湿分区采用透明的钢化玻璃,设计的特别之处在于淋浴区的墙面铺贴了防水壁纸,以强化功能分区;树叶形状的图案仿佛令人置身于大自然之中,身心放松。

(图片提供:五明原创设计)

8. 其他

隔断类型：家具隔断
设计亮点：不同的灯光效果营造不同的空间氛围
划分空间：客厅/餐厅

117
家具和灯光界定生活空间

开放的客厅、餐厅空间，设计师用沙发等家具软性分隔，再布置不同的灯光，让不同的生活区"泾渭分明"。客厅上方是造型简单的吸顶灯，餐厅的吊扇灯则让用餐变得温馨浪漫。即使没有实体隔断，开放空间也有明确的功能定位。

（图片提供：成都梵之设计）

隔断类型：象征性隔断
设计亮点：不同天花板造型弹性分隔空间
划分空间：餐厅 / 客厅

118
天花板的造型与材质区隔空间

客厅与餐厅相连，设计师利用天花板的造型和材质隐性地区分两者。与客厅白色乳胶漆不同的是，餐厅的天花板采用护墙板上墙的手法，并保留原始横梁。木质的温润感削弱了冷冰冰的横梁，为空间带来不一样的视觉体验。

（图片提供：DE 设计事务所）

119
巧用文化砖，打造质感用餐空间

客厅、餐厅呈开放式布局，为了不破坏空间的整体感，设计师用不同的家具区隔空间；不同于客厅区域的白色乳胶漆，餐厅的背景墙上铺贴白色文化砖，搭配几幅黑白挂画，配以小射灯，营造出浓浓的北欧文艺风。

（图片提供：武汉弥桃空间）

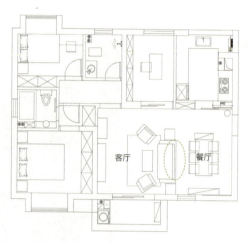

平面图

隔断类型：象征性隔断
设计亮点：用白色文化砖打造的背景墙，极具质感
划分空间：客厅 / 餐厅

隔断类型：象征性隔断
设计亮点：用不同的色彩切割功能区
划分空间：客厅/餐厅

120
以色彩切割不同的功能区

客厅、餐厅为开放式设计，设计师用不同的墙面色彩区隔空间。客厅的沙发背景墙是薄荷绿，清新自然；餐厅则刷上浅灰色的乳胶漆，温馨沉静。不同的墙面色彩在界定空间的同时，更增添了设计的趣味。
（图片提供：合肥1890设计）

> 隔断类型：象征性隔断
> 设计亮点：用色彩重新定义空间，具有一定装饰性
> 划分空间：客厅/餐厅

121
彩色壁纸隐性划分客厅、餐厅

客厅与餐厅相连，两者之间没有任何阻隔。为了丰富空间层次，设计师在餐厅的墙面上铺贴拼色几何形壁纸，与客厅的大白墙形成视觉对比，同时象征性地界定了不同的功能区。

（图片提供：涵瑜设计）

122
以造型和落差区隔空间

客厅、餐厅和工作室同属于公共空间，在不破坏空间完整性的前提下，设计师利用天花板造型和地板的高低差框出空间，如此一来，公共空间不会因隔断而显得拥挤不堪。

（图片提供：昶卓设计）

隔断材质：复合木地板
设计亮点：抬高地面，改变材质，以划分功能区
划分空间：客厅 / 餐厅 / 工作室

123
金属格栅赋予空间现代感

在这个复式结构的户型中，设计师采用 360° 旋转流线型楼梯，既节省了空间，又提升了美观度。在与客厅交接处，特别定制镀铜铁格栅，让空间实现巧妙过渡；同时金属材质使空间现代感十足。

（图片提供：陈圣亮设计工作室）

隔断材质：镀铜铁管
设计亮点：金属质感彰显现代韵味
划分空间：客厅 / 楼梯

隔断类型：花架隔断
设计亮点：既可划分空间，又是立体式花架
划分空间：阳台休闲区／洗衣区

124
在阳台框出一方休闲区

在阳台，设计师通过一扇木质花架隔断将空间再次分为干湿区，干区为休闲区，湿区为洗衣、晾晒区；花架隔断上可放置小绿植或者简单的花束，极具装饰性，让小空间的功能更加完善。

（图片提供：厦门许志冰设计）

125
以地面高低差和天花板材质区隔空间

将阳台纳入客厅，改造成榻榻米茶室，并在顶面采用天然的细竹竿；抬高的地面以及天花板别致的造型使阳台升级为榻榻米茶室，也让空间更具使用弹性。

（图片提供：上海八零年代设计）

隔断类型：抬高地面
设计亮点：抬高阳台地面，升级为榻榻米茶室
划分空间：客厅／榻榻米茶室

隔断类型：抬高地面 + 铁艺置物架
设计亮点：运用组合式隔断丰富空间层次，保证通透性
划分空间：客厅 / 餐厅 / 书房

126
保留原始横梁，重新定义空间

打通其中一间房，变成开放式书房，露出来的横梁正好可以作为与其他空间的分隔体；同时，在横梁下方巧妙地放置铁艺隔断置物架，并将书房的地面抬高 15 厘米。这种组合式隔断的使用，极大地丰富了空间层次。

（图片提供：成都昱设计）

隔断类型：抬高地面
设计亮点：空间上既相容，又有一定的区分
划分空间：客厅/餐厅/休闲区

127
抬高阳台地面，增加错层感

女业主希望自己家的猫拥有较大的活动空间，因此把阳台融入客厅、餐厅。空间的另一大亮点在于设计师将阳台地面抬高12厘米，通过地台把客厅、餐厅串为一体。空间在一虚一实之间产生有趣的变化。

（图片提供：文青设计）

128
地面落差区分不同区域

原始户型中客厅与阳台之间有一个小半墙隔断。为了改善客厅的采光，设计师将中间的半墙打掉，并将阳台地面抬高 15 厘米，设置成开放的休闲区，隐性区分客厅与阳台空间。阳台休闲区旁是整面的落地玻璃，成功将室外景致引入室内。

（图片提供：独立设计师邓凯）

隔断类型：抬高地面
设计亮点：抬高阳台地面，界定不同的区域
划分空间：客厅 / 阳台休闲区

图书在版编目（CIP）数据

隔断设计 / 李涛，单芳霞编. —— 南京：江苏凤凰科学技术出版社，2018.2
（打造理想的家）
ISBN 978-7-5537-8598-1

Ⅰ．①隔… Ⅱ．①李… ②单… Ⅲ．①住宅－隔墙－室内装饰设计－图集 Ⅳ．①TU241-64

中国版本图书馆CIP数据核字(2017)第256682号

打造理想的家
隔断设计

编　　者	李　涛　单芳霞
项目策划	凤凰空间/庞　冬
责任编辑	刘屹立　赵　研
特约编辑	庞　冬
出版发行	江苏凤凰科学技术出版社
出版社地址	南京市湖南路1号A楼，邮编：210009
出版社网址	http://www.pspress.cn
总　经　销	天津凤凰空间文化传媒有限公司
总经销网址	http://www.ifengspace.cn
印　　刷	北京博海升彩色印刷有限公司
开　　本	710毫米×1 000毫米　1/16
印　　张	8
字　　数	89 600
版　　次	2018年2月第1版
印　　次	2023年3月第3次印刷
标准书号	ISBN 978-7-5537-8598-1
定　　价	39.80元

图书如有印装质量问题，可随时向销售部调换（电话：022-87893668）。